BEI GRIN MACHT SICH IHR WISSEN BEZAHLT

- Wir veröffentlichen Ihre Hausarbeit,
  Bachelor- und Masterarbeit

- Ihr eigenes eBook und Buch -
  weltweit in allen wichtigen Shops

- Verdienen Sie an jedem Verkauf

Jetzt bei www.GRIN.com hochladen
und kostenlos publizieren

Benjamin Scholz

Regionale Differenzierung landwirtschaftlicher Betriebssysteme in Deutschland

GRIN Verlag

Bibliografische Information der Deutschen Nationalbibliothek:

Die Deutsche Bibliothek verzeichnet diese Publikation in der Deutschen National-
bibliografie; detaillierte bibliografische Daten sind im Internet über http://dnb.d-
nb.de/ abrufbar.

Impressum:

Copyright © 2009 GRIN Verlag, Open Publishing GmbH
Druck und Bindung: Books on Demand GmbH, Norderstedt Germany
ISBN: 978-3-656-19153-7

Dieses Buch bei GRIN:

http://www.grin.com/de/e-book/193461/regionale-differenzierung-landwirtschaft-
licher-betriebssysteme-in-deutschland

GRIN - Your knowledge has value

Der GRIN Verlag publiziert seit 1998 wissenschaftliche Arbeiten von Studenten, Hochschullehrern und anderen Akademikern als eBook und gedrucktes Buch. Die Verlagswebsite www.grin.com ist die ideale Plattform zur Veröffentlichung von Hausarbeiten, Abschlussarbeiten, wissenschaftlichen Aufsätzen, Dissertationen und Fachbüchern.

Besuchen Sie uns im Internet:

http://www.grin.com/

http://www.facebook.com/grincom

http://www.twitter.com/grin_com

RWTH Aachen

Geographisches Institut

Grundseminar Wirtschaftsgeographie C

Sommersemester 2009

Seminararbeit

14.4.2009

Regionale Differenzierung landwirtschaftlicher Betriebs-

systeme in Deutschland

Benjamin Scholz

2. Semester

Studienfach: B.Sc. Angewandte Geographie

Inhalt

Abbildungsverzeichnis

1 Einleitung

Die ökonomische Bedeutung der Landwirtschaft in Deutschland wird allgemein als gering eingestuft. Ihre räumliche Bedeutung ist demgegenüber wesentlich größer. Die letzte Flächenerhebung im Jahr 2004 ergab, dass 53 % der Gesamtfläche der Bundesrepublik landwirtschaftlich genutzt wird. Die landwirtschaftlichen Betriebe dominieren daher die Bodennutzung in Deutschland. Aus diesem Grund hat die Landwirtschaft in der Geographie einen besonderen Stellenwert. Der modernen Landwirtschaft sind im Zuge des agrarischen Strukturwandels neue Aufgabenfelder zugeteilt worden. Die Funktion der landwirtschaftlichen Betriebe ist nicht mehr ausschließlich auf die Nahrungsmittelproduktion beschränkt. Durch die flächenhafte Ausdehnung trägt die Landwirtschaft zum Erhalt und zur Pflege der Kulturlandschaft bei. Die verschiedenen landwirtschaftlichen Betriebssysteme prägen und bestimmen die räumlichen Verhältnisse in Deutschland. Aus diesem Grund ist die Betrachtung der räumlichen Entwicklung und Verteilung der Landwirtschaft ein wichtiger Bereich innerhalb der Agrargeographie.

Die vorliegende Arbeit beschäftigt sich mit der regionalen Differenzierung landwirtschaftlicher Betriebssysteme in Deutschland. Es wird untersucht, welche Einflussgrößen die landwirtschaftliche Nutzung begünstigen bzw. erschweren. Die Grundlage für die weitere Betrachtung bildet die Erklärung der landwirtschaftlichen Betriebssystematik in Deutschland. Anschließend wird die räumliche Verteilung der Betriebssysteme und der Betriebsgrößen dargestellt. Die Frage nach den Gründen, die zur räumlichen Verteilung der landwirtschaftlichen Betriebe in Deutschland geführt haben, steht dabei im Vordergrund. Aktuelle Einflüsse seitens der internationalen und nationalen Politik auf die Landwirtschaft bleiben im Rahmen dieser Arbeit weitestgehend unberücksichtigt.

2 Naturräumliche Voraussetzungen

Die naturräumlichen Gegebenheiten eines Landes stellen eine wesentliche Rahmenbedingung für die landwirtschaftliche Nutzung dar. Im Vergleich zu allen anderen Wirtschaftsbereichen ist die landwirtschaftliche Produktion am stärksten von den naturräumlichen Gegebenheiten abhängig. Dies gilt insbesondere für die Erzeugung von pflanzlichen Produkten. Zu den wichtigsten naturräumlichen Standortfaktoren zählen dabei die Qualität des Bodens und die vorherrschenden Klimabedingungen. Da diese regional variieren und durch den Menschen nur eingeschränkt modifiziert werden können, findet durch sie bereits eine regionale Differenzierung der Landwirtschaft statt (Klohn/Windhorst, 1998:9).

2.1 Boden

Im allgemeinen wird die Qualität des Bodens anhand von drei Kriterien beurteilt. Dabei handelt es sich um die Bodenart, die Entstehungsart und die Zustandsstufe. Die Bodenart gibt an aus welchen Korngrößen der Boden zusammengesetzt ist. Diese Zusammensetzung beeinflußt den Nährstoffgehalt und das Wasserspeichervermögen des Bodens. Die Entstehungsart bezieht sich auf das geologische Ausgangsmaterial. Die Zustandsstufe beschreibt den Grad der Bodenentwicklung. In Deutschland befinden sich die fruchtbarsten Böden am Nordrand der deutschen Mittelgebirgsschwelle. In diesem Gebiet liegen die Jülicher-, Zülpicher-, Soester-, Hildesheimer-, Magdeburger- und Querfurterbörde. Das Merkmal dieser Bördelandschaften sind die lösshaltigen Böden. Während der Eiszeiten wurden in diese Gebiete Lössdecken eingeweht aus denen sich ertragreiche Böden (z.B. Schwarzerde) gebildet haben. In Mittel- und Süddeutschland sind der Rheingraben, der Kraichgau und die Wetterau Regionen mit einer hohen Bodenqualität. Die durch Meeressedimente entstandenen Marschböden entlang der Nordseeküste in Schleswig Holstein zählen ebenfalls zu den ertragreichsten Böden Deutschlands. Im Gegensatz dazu sind im Norddeutschen Tiefland (z.B. Brandenburg) und im Mittelgebirge die ertragsärmsten Böden zu finden. Diese Böden sind nährstoffarm und versauert. Die Bodentypen sind Braunerde, Podsol und Moore. Da diese Regionen kaum landwirtschaftlich nutzbar sind, wird dort hauptsächlich Forstwirtschaft betrieben (Liedtke/Marschner, 2003:104-105).

2.2 Klima

Deutschland liegt in den gemäßigten Breiten. Die Witterung wird von Westwinden dominiert. Der Durchzug von Tiefdruckgebieten sorgt für die Wechselhaftigkeit und Unbeständigkeit der Wetterverhältnisse. Klimatische Risiken (z.B. Dürren, Erosion), welche die Landwirtschaft beeinträchtigen, treten in Deutschland äußerst selten auf. Eine große Ertragssicherheit ist daher gewährleistet (Klohn/Windhorst, 1998:9).

Einen wichtigen Einfluß auf die landwirtschaftliche Eignung hat die Verteilung der Temperatur- und Niederschlagsverhältnisse. Im Südosten Deutschlands ist das Klima kontinental geprägt. Dies zeigt sich in einer größeren Schwankung der Jahrestemperaturen. Gegenüber den übrigen Teilen Deutschlands sind die Wintertemperaturen dort niedriger und die Sommertemperaturen höher. Der Jahresniederschlag und die Zahl der Niederschlagstage ist im Südosten geringer als im Nordwesten. Zu den klimatisch begünstigten Gebieten Deutschlands zählen die Kölner Bucht, der Oberrheingraben, die Täler von Mosel, Main, Neckar, Unstrut und die Oberelbe.

Für die pflanzliche Erzeugung spielt die Dauer der Vegetationszeit eine entscheidende Rolle. In Deutschland gibt es in dieser Hinsicht große regionale Unterschiede. In den Gebirgen beträgt die Vegetationszeit nur 160 Tage pro Jahr während im Oberrheingraben bis zu 240 Tage erreicht werden (Arnold, 1998:32-33). Zu den Gebieten in Deutschland in denen die Vegetationszeiten besonders kurz sind gehören die Eifel, das Rothaargebirge, der Thüringer Wald, das Erzgebirge, das Fichtelgebirge, der Bayrische Wald und die Hochalpen. Diese Gebiete weisen einen hohen Grünlandanteil auf. Die landwirtschaftliche Nutzung ist dort geprägt von Rinderhaltung (Eckart/Wollkopf, 1994:2).

Grundsätzlich ermöglichen die klimatischen Verhältnisse in Deutschland den Anbau von vielen verschiedenen Kulturarten. Das Kulturartengefüge der gemäßigten Zone setzt sich aus dem Getreidebau, Hackfruchtbau, Futterbau und den Sonderkulturen zusammen. Der Getreidebau umfaßt alle Getreidearten und Mähdruschblattfrüchte (Raps, Körnermais). Zum Hackfruchtbau gehört der Anbau von Kartoffeln, Zuckerrüben, Futterrüben und Feldgemüse. Als Futterbau wird das Dauergrünland und das Feldrauhfutter (Klee, Silomais) bezeichnet. Zu den Sonderkulturen zählen die Baum- und Strauchkulturen (Obst-, Hopfen- und Weinanbau) (Sick, 1997:107).

3 Landwirtschaftliche Betriebssystematik

Die offizielle Agrarstatistik der Bundesrepublik Deutschland hat 1971 eine Betriebssystematik zur Einteilung landwirtschaftlicher Betriebe eingeführt. Demnach wird der Betriebsbereich Landwirtschaft nach der vorwiegenden Produktionsrichtung in fünf Hauptbetriebsformen eingeteilt. Dies sind im einzelnen die Marktfrucht-, Futterbau-, Veredelungs-, Dauerkultur- und Gemischtbetriebe (Sick, 1997:143).

Die Einteilung der einzelnen Betriebe wird mit Hilfe des Standarddeckungsbeitrags (StDB) vorgenommen. Von der erwirtschafteten Marktleistung eines landwirtschaftlichen Betriebes werden alle aufgewendeten variablen Kosten, wie z.b. die Ausgaben für Saatgut, Düngemittel und Maschinenkosten, abgezogen. Die Differenz ist der StDB. Abbildung 1 zeigt an einem Beispiel die Ermittlung des StDB auf. Die Marktleistung beträgt in diesem Fall 840 € und wurde durch den Verkauf von 60 dt. Weizen für jeweils 14 € erwirtschaftet. Die eingesetzten variablen Kosten, die zur Produktion des Weizens aufgewendet wurden, belaufen sich auf 631 €. Der Deckungsbeitrag ergibt sich aus der Subtraktion der 631 € von der Marktleistung und beträgt 209 €. Dieser Wert ist der Deckungsbeitrag des Betriebes im Produktionsbereich Weizen.

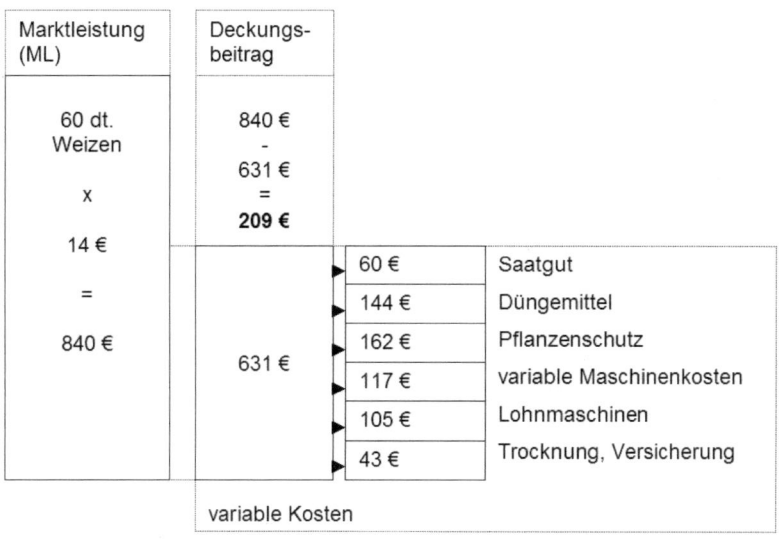

Abbildung 1 Ermittlung des StDB (eigene Darstellung nach Eckart, 1998:300).

Aus den verschiedenen Produktionsbereichen eines landwirtschaftlichen Betriebes können die jeweiligen StDB ermittelt und zum gesamten StDB des Betriebs addiert werden. Auf Grundlage des addierten Wertes kann die vorwiegende Produktionsrichtung des Betriebes erkannt und eine Einordnung in eine der genannten Hauptbetriebsformen vorgenommen werden. Entscheidend sind dabei die prozentualen Anteile der Produktionsbereiche am gesamten StDB. Ein Betrieb muss mehr als 75 % seines StDB aus der Landwirtschaft erwirtschaften um dem Betriebsbereich Landwirtschaft zugeordnet zu werden. Als Marktfruchtbetrieb wird ein landwirtschaftlicher Betrieb bezeichnet bei dem der Anteil der Marktfrüchte am StDB mehr als 50 % beträgt. Zu den Marktfrüchten gehören bspw. Zuckerrüben, Kartoffeln und Getreide. Stammen mehr als 50 % des StDB aus dem Futterbau handelt es sich um einen Futterbaubetrieb. Dazu zählen u.a. die Milchviehhaltung und die Rindermast. Hat die Veredlung einen Anteil von mehr als 50 % am StDB wird der Betrieb den Veredlungsbetrieben zugeordnet. Diese Betriebe betreiben Schweinemast oder Geflügelhaltung. Dabei produzieren sie hauptsächlich Hähnchen, Eier, Ferkel und Mastschweine. Liegt der Anteil der Dauerkulturen am StDB bei mehr als 50 % handelt es sich um einen Dauerkulturbetrieb. Dauerkulturen sind u.a. Obst, Wein und Hopfen. Wenn keiner der Produktionsbereiche mehr als 50 % zum StDB beiträgt wird dieser Betrieb den landwirtschaftlichen Gemischtbetrieben zugeordnet (Eckart, 1998:299-302). Die Betriebsformen werden weiter in die Betriebsart nach Spezial- und Verbundbetrieb unterteilt. Liegt der StDB der Betriebsform zwischen 50 % und 75 % handelt es sich um einen Verbundbetrieb. Bei mehr als 75 % ist der Betrieb ein Spezialbetrieb. Die Einteilung in die Betriebsart erfolgt nicht bei den Gemischtbetrieben, da bei diesen der StDB in keinem Produktionsbereich mehr als 50 % beträgt (Breitenfeld, 2002:33).

In der vorgestellten Betriebssystematik erfolgt die Abgrenzung der Betriebe ausschließlich nach finanziellen Aspekten. Die Anteile der erzeugten Produkte an der gesamten Nutzfläche des Betriebs sind nicht relevant. Da die landwirtschaftlichen Betriebsstrukturen sehr vielfältig sind, können diese nur nach bestimmten gemeinsamen Merkmalen zusammengefaßt werden. Die Betriebe nach dem StDB zu klassifizieren stellt nur eine Möglichkeit der Systematisierung dar (Sick, 1997:142).

4 Räumliche Verteilung

4.1 Verteilung der landwirtschaftlichen Betriebssysteme

In Abbildung 2 ist die räumliche Verteilung der landwirtschaftlichen Betriebssysteme in Deutschland dargestellt. Entsprechend den naturräumlich vorgegebenen Bodenverhältnissen befinden sich die Marktfruchtbetriebe hauptsächlich in den mitteldeutschen Börderlandschaften. Der Anbau von Getreide und Hackfrüchten (z.b. Kartoffeln, Zuckerrüben) wird dort durch die Bodenqualität begünstigt. Im Alpenvorland und im Nordwesten Deutschlands sind die Futterbauspezialbetriebe zu finden. Die Futterbauverbundbetriebe sind über das gesamte Bundesgebiet verteilt. Als regionale Schwerpunkte sind das östliche Mittelgebirge und Oberbayern zu nennen (Sick, 1997:108). Eine deutliche Konzentration auf den Oldenburger Raum im nordwestlichen Niedersachsen weisen die Veredlungsbetriebe auf. Nach dem zweiten Weltkrieg hat sich dort die Veredlungswirtschaft entwickelt. Es ist das wichtigste Landwirtschaftsgebiet in Westdeutschland. In dieser Region wird die Massenhaltung von Rindern, Schweinen und Geflügel betrieben (Gebhardt, 2007:168). Das Vorkommen von Dauerkulturspezial- und Verbundbetrieben in Deutschland ist ebenfalls auf bestimmte Regionen beschränkt. Aufgrund der klimatischen Gegebenheiten befinden sich diese Betriebe entlang der Mosel, des Rheins, der Niederelbe und des Bodensees. Diese Regionen sind für den Wein- und Obstanbau gut geeignet. Die landwirtschaftlichen Gemischt- und Kombinationsbetriebe verteilen sich über ganz Deutschland und haben keinen regionalen Schwerpunkt. Die weite Verbreitung der unspezialisierten Betriebe ist auf ihr geringeres wirtschaftliches Risiko zurückzuführen. Die vielseitige Produktion ermöglicht diesen Betrieben flexibel auf Preisschwankungen zu reagieren und Absatzprobleme auszugleichen. Aufgrund der Marktnähe befinden sich die Betriebe aus dem Betriebsbereich Gartenbau im Umkreis von Hamburg und Berlin (Sick, 1997:108).

Abbildung 2 Verteilung der landwirtschaftlichen Betriebssysteme in Deutschland (Sick, 1997:109).

4.2 Verteilung der Betriebsgrößen

Die räumliche Verteilung der Agrarstruktur in Deutschland ist geprägt von einem deutlichen Gegensatz zwischen Ost- und Westdeutschland. In Westdeutschland besitzt ein landwirtschaftlicher Betrieb im Durchschnitt eine Fläche von 33 ha. In Ostdeutschland sind es dagegen durchschnittlich 185 ha pro Betrieb (BMELV, 2009:7). Diese Tatsache steht im Zusammenhang mit der historischen Entwicklung der Bundesrepublik Deutschland. Bereits im Deutschen Reich gab es hinsichtlich der landwirtschaftlichen Betriebsgrößenstrukturen Unterschiede. Im Westen waren überwiegend klein- und mittelbäuerliche Betriebe ansässig. Großgrundbesitzer und Gutsherren mit flächengrößeren Betrieben dominierten dagegen die Landwirtschaft im Osten. Nach 1945 wurden die Großgrundbesitzer in der DDR enteignet (Klohn, 1998:6). Die Agrarpolitik der DDR nahm in verschiedenen Phasen Einfluß auf die weitere landwirtschaftliche Entwicklung. Das generelle Ziel der Agrarpolitik in der DDR war die Schaffung von landwirtschaftlichen Großbetrieben mit industrieller Massenproduktion. Nach der Enteignung folgte ab 1952 die Phase der Kollektivierung. Die Betriebe wurden zu Landwirtschaftlichen Produktionsgenossenschaften (LPG) zusammengefaßt. Ab 1960 wurden die LPG teilweise in Großbetriebe umgewandelt. Die Industrialisierung der Landwirtschaft setzte ab 1968 in der DDR ein. Die betriebliche Trennung von Pflanzen- und Tierproduktion führte zur Entstehung von Spezialbetrieben (Eckart/Wollkopf, 1994:13). Nach der Wiedervereinigung wurden die großen landwirtschaftlichen Unternehmen in Ostdeutschland teilweise unter anderen Rechtsformen weitergeführt. Die Pflanzen- und Tierproduktion wurde innerhalb der Betriebe wieder vereint. Dies führte zu einer weiteren Vergrößerung der Nutzfläche der Betriebe. Anfang der 1990er Jahre verfügten daher die kollektiv bewirtschafteten Betriebe in den neuen Bundesländern über Nutzflächen von 800 bis 2000 ha (Bergmann, 1992:146). Aufgrund der historischen Entwicklung sind die landwirtschaftlichen Betriebe in Ostdeutschland nicht nur großflächiger sondern auch rationalisierter und arbeitsextensiver als die Betriebe in den alten Bundesländern (Arnold, 1998:45). Diese Betriebsstrukturen führen langfristig zu Wettbewerbsvorteilen der ostdeutschen Betriebe gegenüber den westdeutschen Betrieben (Klohn, 1998:6).

In Westdeutschland gibt es ebenfalls einen regionalen Unterschied in der Betriebsgrößenstruktur. In Norddeutschland verfügen die Betriebe über größere Nutzflächen als in Süddeutschland. In Schleswig-Holstein haben die Betriebe eine durchschnittliche Größe von 58 ha. In Bayern beträgt die Betriebsgröße im Durchschnitt hingegen nur 26 ha. Auch bei der Anzahl der Betriebe ist die Konzentration auf Süddeutschland auffällig. 47 % der landwirtschaftlichen Betriebe befinden sich in Bayern und Baden-Württemberg (BMELV, 2009:7). Der Grund für diese Differenzierung liegt in den historischen Unterschieden des jeweiligen Erbrechts. In einigen Gebieten Deutschlands hat die Freiteilbarkeit (Realteilung) dazu geführt, dass die durchschnittliche Betriebsgröße im Laufe der Zeit abgenommen und die Anzahl der Betriebe zugenommen hat. Bei dieser Erbform wird die Betriebsfläche gleichmäßig oder unterschiedlich unter den Erben aufgeteilt. Zu den ehemaligen Realteilungsgebieten zählen Hessen, Baden-Württemberg, Rheinland-Pfalz und Franken. Dort befinden sich auch heute noch viele Klein- und Mittelbetriebe. In den Anerbengebieten (u.a. Schleswig-Holstein, Niedersachsen) sind die Betriebe aufgrund der geschlossenen Hofübergabe größer (Arnold, 1998:41).

5 Der Strukturwandel in der Landwirtschaft

Nach den Ergebnissen der Agrarstrukturerhebung gab es im Jahr 2007 insgesamt 374.500 landwirtschaftliche Betriebe in Deutschland. Die Betriebe verfügen gegenwärtig über eine durchschnittliche Flächenaustattung von 45 ha (BMELV, 2009:7). Im Jahr 1949 gab es hingegen ca. 1,6 Mio. landwirtschaftliche Betriebe in Deutschland. Die Flächenausstattung pro Betrieb betrug allerdings nur 8,1 ha. Der Vergleich der beiden Jahrgänge zeigt den Strukturwandel in der Landwirtschaft deutlich auf. Nach dem Prinzip „Wachse oder Weiche" hat sich die Landwirtschaft in den vergangenen Jahrzehnten entwickelt. Merkmale dieser Entwicklung sind eine kontinuierliche Vergrößerung der Betriebsflächen sowie eine zunehmende Spezialisierung der Betriebe. Die flächenmäßig kleineren Betriebe werden durch die größeren Betriebe verdrängt. Die stetige Abnahme der Gesamtbetriebszahl bei gleichzeitiger Erhöhung der durchschnittlichen Betriebsfläche ist die Folge (Klohn, 1998:5).

Der Strukturwandel in der Landwirtschaft wirkt sich auf verschiedene Weise auf den Raum aus. Diese Auswirkungen sind mit negativen Folgen für die Umwelt verbunden. Mit der Spezialisierung geht eine Zunahme von großflächigen Monokulturen einher. Diese lösen das traditionelle Fruchtfolgesystem ab. Es werden agrartechnologische Neuerungen eingesetzt um Wettbewerbsvorteile zu erlangen und die Produktivität zu steigern. Dazu zählt der hohe Pestizid- und Chemiedüngereinsatz sowie die Verwendung von Landmaschinen. Die gegenläufige Entwicklung zu dieser industriellen Landwirtschaft stellt die ökologische Landwirtschaft dar. Durch die Politik werden die ökologischen Betriebe in Deutschland seit 1989 finanziell gefördert. Die Förderung ist notwendig, da diese Betriebe niedrige Erträge erwirtschaften und daher subventioniert werden müssen. Bislang konzentrieren sie sich hauptsächlich auf Süddeutschland (Bayern, Südbaden). Im Jahr 2002 hatten die ökologischen Betriebe einen Anteil von ca. 4,1 % an der landwirtschaftlichen Nutzfläche. Der Anteil soll sich bis 2010 auf 20 % erhöhen (Gebhardt, 2007:166). Ob sich die ökologischen Betriebe zukünftig in Deutschland weiter regional ausbreiten werden, wird die weitere Entwicklung zeigen.

6 Zusammenfassung

Die Art der landwirtschaftlichen Nutzung wird von den naturräumlichen Gegebenheiten bestimmt. Aus dem Wechselspiel zwischen Boden- und Klimaverhältnissen ergeben sich bereits räumliche Schwerpunkte für die Ansiedlung von landwirtschaftlichen Betrieben. Die besten naturräumlichen Voraussetzungen für den Anbau von pflanzlichen Produkten bieten die Bördelandschaften aufgrund der lösshaltigen Böden. Die naturräumlichen Gegebenheiten Deutschlands lassen insgesamt den Anbau von einer Vielzahl unterschiedlicher Kulturarten zu.

Um die unterschiedlichen Betriebe statistisch miteinander vergleichen zu können wurde eine Betriebssystematik eingeführt. In Deutschland ordnet diese die landwirtschaftlichen Betriebe in fünf Gruppen ein. Die vorwiegende Produktionsrichtung des Betriebs ist dabei ausschlaggebend. Sie wird mit Hilfe des Standarddeckungsbeitrags ermittelt.

Die Verteilung der Betriebssysteme zeigt, dass sich vor allem die Marktfrucht- und Dauerkulturbetriebe an den naturräumlichen Standortbedingungen orientieren. Die tierischen Veredlungsbetriebe sind von diesen unabhängig. Sie weisen eine Konzentration im nordwestlichen Niedersachsen (Oldenburger Raum) auf.

Unterschiede in den landwirtschaftlichen Betriebsgrößen zeigen sich sowohl im Vergleich zwischen Ost- und Westdeutschland als auch zwischen Nord- und Süddeutschland. Begründen lassen sich diese Verhältnisse mit der Agrarpolitik der DDR und mit regionalen Unterschieden im Erbrecht.

Der Strukturwandel der Landwirtschaft hat in Deutschland zur Vergrößerung der durchschnittlichen Flächenaustattung der Betriebe und zur Abnahme der Gesamtbetriebszahl geführt. Die aktuelle landwirtschaftliche Entwicklung in Deutschland geht in zwei unterschiedliche Richtungen. Der zunehmenden räumlichen Dominanz von landwirtschaftlichen Großbetrieben steht der ökologische Landbau gegenüber. Die ökologischen Betriebe sind z.Z. noch auf den süddeutschen Raum konzentriert. Durch finanzielle Förderung könnte ihre wirtschaftliche und räumliche Bedeutung in den nächsten Jahren steigen.

Literaturverzeichnis

Arnold, A. (1998): Landwirtschaft. In: Kulke, E. (Hrsg.) (1998): Wirtschaftsgeographie Deutschlands. Gotha, Stuttgart: Klett-Perthes, 29-64.

Bergmann, E. (1992): Räumliche Aspekte des Strukturwandels in der Landwirtschaft. In: Geographische Rundschau 44(3), 143-147.

Breitenfeld, J. (2002): Betriebssysteme und Standardbetriebseinkommen landwirtschaftlicher Betriebe 1999. <http://www.statistik.rlp.de/verlag/monatshefte/2002/02-2002-031.pdf> abgerufen am 25.3.2009.

Bundesministerium für Ernährung, Landwirtschaft und Verbraucherschutz (BMELV) (2009): Statistischer Monatsbericht. <http://www.bmelv-statistik.de/fileadmin/sites/020_MoBe/Mobepdf2009/StatistischerMonatsberichtJa nuar2009.pdf> abgerufen am 25.3.2009.

Eckart, K. (1998): Agrargeographie Deutschlands. Gotha, Stuttgart: Klett-Perthes.

Eckart, K./Wollkopf, H.-F. (1994): Landwirtschaft in Deutschland – Veränderung der regionalen Agrarstruktur in Deutschland zwischen 1960 und 1992. Leipzig: Institut für Länderkunde Leipzig (= Beiträge zur Regionalen Geographie 36).

Gebhardt, H. (2007): Postindustrielle Entwicklung. In: Glaser, R./Gebhardt, H./Schenk, W. (Hrsg.) (2007): Geographie Deutschlands. Darmstadt: WBG. 159-169.

Klohn, W. (1998): Strukturen in der Landwirtschaft Deutschlands. In: Praxis Geographie 28(3), 4-9.

Klohn, W./Windhorst, H.-W. (1998²): Die Landwirtschaft in Deutschland. In: Vechtaer Materialien zum Geographieunterricht, Heft 3.

Liedtke, H./Marschner, B. (2003): Bodengüte der landwirtschaftlichen Nutzfläche. In: Institut für Länderkunde, Leipzig (Hrsg.) (2003): Nationalatlas Bundesrepublik Deutschland – Relief, Boden und Wasser. Berlin, Heidelberg: Spektrum Akademischer Verlag. 104-105.

Sick, W.-D. (1997³): Agrargeographie. Braunschweig: Westermann Schulbuchverlag.